Leandro Bertoldo
Efeito Fotoeletrico

Efeito Fotoelétrico
Leandro Bertoldo

Leandro Bertoldo
Efeito Fotoeletrico

Leandro Bertoldo
Efeito Fotoeletrico

Dedico este livro à minha filha
Beatriz Maciel Bertoldo

Leandro Bertoldo
Efeito Fotoeletrico

Leandro Bertoldo
Efeito Fotoeletrico

"Deus deseja que façamos contínuos progressos na ciência e na virtude" (A Ciência do Bom Viver, 503).

Ellen Gould White
Escritora, conferencista, conselheira,
e educadora norte-americana.
(1827-1915)

Leandro Bertoldo
Efeito Fotoeletrico

Sumário

Dados biográficos
Prefácio
EFEITO FOTOELÉTRICO
    1. Introdução
    2. Sobre o efeito Hertz
    3. Representação esquemática
    4. Hipótese de "De Broglie"
    5. Postulados de Einstein para o efeito Hertz
    6. Equilíbrio Quântico
    7. Leis para a Potência de um Fóton
    8. Energia radiante absorvida pelo elétron
    9. Potências envolvidas no efeito Hertz
    10. Equação fotoelétrica
    11. Curva característica da equação fotoelétrica
    12. Efeito hertz e a equação fotoelétrica
    13. Rendimento foto elétrico
    14. Variação da potência útil empregada
    15. Representação gráfica da potência utilizada internamente
    16. Característica da potência máxima
    17. Dedução da equação fotoelétrica de Einstein
    18. Variação da frequência do fotoelétron emitida
    19. Concordância entre a equação de "De Broglie" e de Millikan
    20. Energia cinética de máxima
    21. Velocidade máxima do fotoelétron ejetado
    21. Rendimento interno e rendimento externo
    22. Potência oriunda do processamento da função de trabalho
APÊNDICE
    O fluxo de gotas do chuveiro

Leandro Bertoldo
Efeito Fotoelétrico

Dados biográficos

Meu nome é Leandro Bertoldo. Nasci no bairro do Belenzinho na cidade de São Paulo – SP. Sou o primeiro filho do casal José Bertoldo Sobrinho e Anita Leandro Bezerra. Tenho um irmão chamado Francisco Leandro Bertoldo.

Fiz as faculdades de Física (1980) e de Direito (2000) na Universidade de Mogi das Cruzes – UMC. Meu interesse, sempre crescente, pela área de exatas vem desde os meus 17 anos, quando comecei a escrever algumas teses sérias sobre temas científicos, os quais dei a conhecer ao meu professor de Física "Benê". Em 1995, publiquei o meu primeiro livro de Física, que foi um grande sucesso entre muitos professores universitários. Meu comprometimento com o Direito é resultado das minhas atividades junto ao Tribunal de Justiça do Estado de São Paulo.

Casei por duas vezes e tive uma filha do meu primeiro matrimônio chamada Beatriz Maciel Bertoldo, que se formou em Direito. Minha segunda esposa, Daisy Menezes Bertoldo, é uma grande companheira e amiga inseparável de todas as horas.

Muitas das minhas distrações foram proporcionadas pelos meus queridos e maravilhosos cachorros: Fofa, Pitucha, Calma e Mimo.

Durante minha carreira como escritor e cientista tive o prazer de escrever mais de sessenta livros, a maioria deles defendendo teses originais em Física e Matemática, destacando-se: "Teoria Matemática e Mecânica do Dinamismo" (2002); "Teses da Física Clássica e Moderna" (2003); "Cálculo Seguimental" (2005); "Artigos Matemáticos" (2006) e "Geometria Leandroniana" (2007), os quais estão espalhados pelas maiores universidades do país.

Leandro Bertoldo
Efeito Fotoeletrico

Prefácio

No auge da minha criatividade, aos 22 anos de idade, escrevi este opúsculo, onde relaciono vários fenômenos físicos com o efeito fotoelétrico. Como resultado de meus esforços, novas e interessantes equações algébricas vieram à luz.

Esta obra é constituída por 22 itens tratando do fenômeno fotoelétrico. Ao final apresenta um apêndice analisando o fluxo de gotas do chuveiro. Enquanto o primeiro artigo foi produzido em 1980, o segundo foi escrito em 2010.

A diferença fundamental entre a equação de Einstein para o efeito fotoelétrico e as equações apresentadas no presente artigo é a seguinte: Em 1905, quando Einstein publicou as suas conclusões, o conceito de ondas de matéria descoberto por "De Broglie" em 1924 era totalmente desconhecido; assim, a presente pesquisa procura relacionar a dualidade onda-corpúsculo ao fenômeno do efeito fotoelétrico.

Dentro dessa visão, são analisados novos conceitos como equilibro quântico, potência de um fóton, rendimento fotoelétrico, nova equação para o efeito fotoelétrico etc.

Além disso, a equação fotoelétrica de Einstein é deduzida matematicamente como uma consequência natural dos conceitos físicos apresentados neste artigo. Outro resultado interessante a presentado neste artigo é a perfeita concordância entre a equação de "De Broglie" e a de Millikan. Esses resultados representa um forte indício da veracidade da tese defendida neste opúsculo.

Encerro o presente prefácio guardando em meu coração a esperança de que os meus leitores possam tirar bom proveito dos resultados das minhas pesquisas, obtidos com esforços numa área tão exigente quanto a da física.

leandrobertoldo@ig.com.br

Leandro Bertoldo
Efeito Fotoeletrico

Efeito Fotoelétrico

1. INTRODUÇÃO

Em meu livro intitulado "Fotodinâmica", apresentei alguns dos desenvolvimentos fundamentais que me impulsionaram a desenvolver uma nova demonstração para o efeito fotoelétrico. A esses desenvolvimentos eu refiro agora como a teoria einsteiniana fotoelétrica. Em uma infinidade de aspectos, essa teoria é sempre bem sucedida. No entanto, a teoria fotoelétrica einsteiniana certamente não está livre de críticas. Os postulados de Einstein constituem inegavelmente os fundamentos da mecânica fotoelétrica. Dão uma boa relação entre grandezas quânticas e clássicas quando aplicados para interpretar muitos fenômenos de origem fotoelétrica. Para fundamentar e completar a minha descrição dessa teoria, deverei indicar alguns de seus aspectos indesejáveis:

A) A teoria de Einstein somente permite tratar de grandezas clássicas, empregando a teoria proposta por Max Planck. Porém, existem muitas grandezas físicas importantes que não são de origem clássica. E o número de grandezas clássicas para os quais pode ser encontrada uma base física para essa teoria na relação de "De Broglie" é muito pequena.

B) Embora a teoria permita calcular a energia cinética possível do fotoelétron em certos metais, e a frequência do fóton absorvido ou emitido no processamento da função de trabalho quando um elétron ultrapassa a barreia da superfície do metal, essa teoria não indica como calcular a taxa de frequência do fotoelétron ao ultrapassar a referida barreira.

C) Para finalizar deverei mencionar a crítica subjetiva de que a teoria einsteiniana é categoricamente insatisfatória com vista às propriedades ondulatórias da matéria.

Com a nova teoria que proponho, muito dos aspectos abstratos da mecânica quântica de Erwin Schrödinger tornam-se facilmente visualizados.

2. SOBRE O EFEITO HERTZ

No efeito Hertz, a energia radiante do fóton é convertida em energia cinética pelo elétron. Porém, sabe-se que no efeito Hertz, os elétrons estão ligados mais ou menos fortemente ao núcleo atômico, de tal forma que ocorre um gasto de energia interna no processamento da função de trabalho.

Na realidade, no que se refere ao efeito Hertz, a atuação do fóton consiste em elevar a energia cinética do elétron, pelo emprego da energia radiante obtida numa transformação por eles realizada. Evidentemente, no efeito Hertz, essa transformação efetuada pelos fótons constitui a única maneira de fornecer energia cinética aos elétrons, já que é impossível criar energia.

Os fótons sempre provocam uma elevação de energia cinética do elétron.

3. REPRESENTAÇÃO ESQUEMÁTICA

No caso do efeito Hertz, considero extremamente importante as representações esquemáticas do fóton, da superfície e do fóton-elétron emitido.

O fóton pode ser representado graficamente por meio de desenhos em perspectiva ou por meio de esquemas.

Trata-se apenas de um símbolo convencional para o reconhecimento do fóton dentro de um esquema de um sistema quântico.

O fóton é representado pelo seguinte símbolo, colocando-se ao lado, o valor de sua frequência eletromagnética:

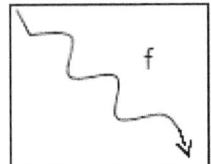

A superfície cujos fótons são emitidos é simplesmente representada por um retângulo, segundo o esquema indicado na seguinte figura:

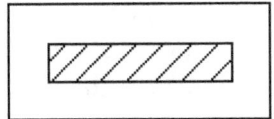

Quando o fóton-elétron é arremessado para fora da superfície do metal, o mesmo é representado por uma linha contínua com a extremidade indicada por uma seta. De acordo com o esquema apresentado na seguinte figura:

Logo, fundamentado nos referidos esquemas, posso representar o efeito Hertz esquematicamente por:

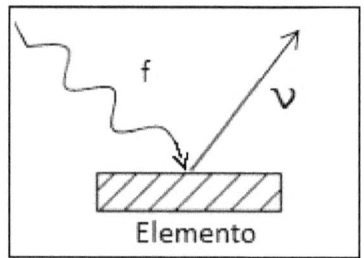

4. HIPÓTESE DE "DE BROGLIE"

Em 1924, um jovem físico francês, Louis de Broglie, em sua tese de doutorado, propôs a existência de ondas associadas à matéria. De acordo com "De Broglie", tanto para a matéria quanto para a radiação a energia total (W) está diretamente relacionada à frequência (ν) da onda associada ao movimento da partícula pela equação:

$$W = h \cdot \nu$$

Onde (h) é – como seria de esperar – a carga radiante absorvido pelo elétron e (v) representa simbolicamente a frequência do pulso associado à matéria.

Alguns anos depois em 1927, Lester Halbert Germer e Clinton Joseph Davissom, testaram a predição de "De Broglie" mediante a difração de elétrons, de energia conhecida, em cristais. Estabeleceram experimentalmente que um feixe de elétrons tinha propriedades ondulatórias e que o comprimento de onda associada com os elétrons de velocidade conhecida era exatamente o previsto pela equação de "De Broglie". Essa foi a primeira demonstração experimental das propriedades ondulatórias do elétron.

5. POSTULADOS DE EINSTEIN PARA O EFEITO HERTZ

A) Primeiro Postulado

No efeito fotoelétrico, um fóton da radiação incidente ao atingir a matéria é completamente absorvido por um único elétron, cedendo-lhe um quantum.

B) Segundo Postulado

A interação entre o fóton e o elétron, ocorre instantaneamente, semelhante à colisão de duas partículas, ficando, então, o elétron com uma energia adicional (h . f).
Definição fundamental.
A energia (W) de cada fóton é denominada por "quantum" (no plural "quanta").

6. EQUILÍBRIO QUANTICO

Quando um fóton colide com um elétron, a energia "(quantum)" desse fóton é integralmente absorvida pelo elétron.

Desse modo posso afirmar que a energia absorvida pelos elétrons (W_e) é igual à energia do fóton (W_f).

Simbolicamente, o referido enunciado é expresso pela seguinte igualdade:

$$W_e = W_f$$

De acordo com o físico alemão Max Planck, a energia transportada por um fóton é igual a carga radiante multiplicada pela frequência de oscilação do pulso eletromagnético.

O referido enunciado é expresso simbolicamente pela seguinte equação:

$$W_f = h \cdot f$$

E de acordo com o físico francês, Louis De Broglie, a energia cinética de um elétron é igual a carga radiante em produto com a frequência ao qual a onda desse elétron oscila.

Simbolicamente o referido enunciado é expresso por:

$$W_e = h \cdot \nu$$

Igualando convenientemente as duas últimas expressões, resulta que:

$$W_f = W_e$$
$$h \cdot f = h \cdot \nu$$

que: Eliminando-se os termos em evidência, conclui-se

$$f = \nu$$

Isso me permite afirmar que a partir da inércia, a frequência de oscilação da onda associada a um elétron é igual à frequência da onda eletromagnética do fóton absorvido pelo elétron.

Essa situação final de equilíbrio que traduz uma igualdade de frequências entre a radiação e a matéria, constitui o que tenho chamado por "equilíbrio quântico".

7. LEIS PARA A POTÊNCIA DE UM FÓTON

De acordo com a equação de Max Planck, a energia de um fóton é igual à carga radiante multiplicada pela frequência de oscilação do pulso eletromagnético que constitui o fóton.

O referido enunciado é expresso simbolicamente pela seguinte equação:

$$W = h \cdot f$$

A Mecânica Newtoniana mostra que a potência é igual ao quociente da energia inversa pela variação de tempo.

Simbolicamente o referido enunciado é expresso pela seguinte relação:

$$p = W/\triangle t$$

Evidentemente na mecânica clássica a energia é contínua e por esse motivo considera-se uma variação de tempo contínuo.

Porém, a energia radiante transportada por um fóton não é contínua, mas sim discreta. Desse modo, no lugar de uma variação de tempo considero um período de tempo.

Desse modo, posso afirmar que a potência oriunda de um fóton é igual ao quociente da energia radiante desse fóton inversa pelo período de uma oscilação completa do fóton considerado.

O referido enunciado é expresso simbolicamente pela seguinte relação:

$$p = W/T$$

Em capítulos anteriores demonstrei que o período é o inverso da frequência de oscilação de um pulso eletromagnético.

Simbolicamente, o referido enunciado é expresso por:

$$T = 1/f$$

Então, substituindo convenientemente as duas últimas expressões, resulta que:

$$p = W \cdot f$$

Logo, posso afirmar que a potência oriunda de um fóton é igual a energia radiante do mesmo, multiplicada pela frequência eletromagnética.

Porém, sabe-se que a energia radiante transportada por um fóton é expressa pela equação de Max Planck:

$$W = h \cdot f$$

Assim, substituindo convenientemente as duas últimas expressões, resulta que:

$$p = (h \cdot f) \cdot f$$

Portanto conclui-se que:

$$p = h \cdot f^2$$

Isso me permite afirmar que a potência oriunda de um fóton é igual a carga radiante multiplicada pelo quadrado da frequência eletromagnético do fóton.

Por intermédio da equação de Max Planck pode-se afirmar que a frequência eletromagnética do fóton é igual ao quociente da energia radiante transportada pelo fóton inversa pelo valor da carga radiante elementar.

O referido enunciado é expresso simbolicamente pela seguinte relação:

$$f = W/h$$

Logo, substituindo convenientemente as duas últimas expressões, resulta que:

$$p = h \cdot f^2$$

$$p = h \cdot (W/h)^2$$

Então, resulta:

$$p = (h \cdot w^2)/h^2$$

Eliminando os termos em evidência vem que:

$$p = w^2/h$$

Assim, posso afirmar que a potência oriunda de um fóton é igual ao quociente do quadrado da energia radiante que o referido fóton transporta, inversa pela carga radiante.

Essas expressões que traduzem a potência oriunda de um fóton são conhecidas pela denominação de "equações lineares".

Considerando um efeito Hertz ideal, isto é, um efeito Hertz que não apresenta gasto de energia em processamento da função de trabalho.

Quando os fótons atingem os elétrons, sua energia é integralmente transferida para o elétron, o que provoca um aumento da velocidade do elétron. Em outras palavras, o fóton perde sua energia que é transformada em energia cinética. A esse fenômeno dei o nome de efeito Hertz.

A experiência mostra que essa energia cinética é diretamente proporcional à frequência do elétron, à carga radiante e ao período.

Para demonstrar o referido enunciado considere o seguinte:

Demonstrei que a energia é igual à energia potencial em produto com o período.

Simbolicamente, o referido enunciado é expresso por:

$$W = p \cdot T$$

Demonstrei também, que a potencia é igual a carga radiante em produto com o quadrado da frequência.

O referido enunciado é expresso simbolicamente por:

$$p = h \cdot f^2$$

Desse modo substituindo convenientemente as duas últimas expressões, resulta que:

$$W = h \cdot f^2 \cdot T$$

8. ENERGIA RADIANTE ABSORVIDA PELO ELÉTRON

É possível verificar experimentalmente e demonstrar teoricamente que existe uma relação de proporção direta entre a potência absorvida por um elétron (p_a), que obviamente é radiante (efeito Hertz) e a frequência da onda de "De Broglie" ao qual está associado após escapar da barreira da superfície do metal. Então isso me permite escrever que:

$$p_a = W \cdot \nu$$

Evidentemente essa potência absorvida pelo elétron é oriunda do fóton, pois o mesmo é totalmente absorvido pelo elétron.

Ou seja, a potência (p_e) do elétron é igual à potência oriunda do fóton (p_f).

Simbolicamente, o referido enunciado é expresso pela seguinte igualdade:

$$p_e = p_f$$

A constante de proporção direta entre a potência absorvida pelo elétron p_a e a frequência ν é caracterizado por W, que denominei por "energia absorvida pelo elétron".

Creio que devo lembrar que a energia absorvida pelo elétron é uma grandeza que apresenta o valor e a dimensão da energia radiante transportada por um fóton (quantum), ou seja, é medida no sistema internacional (S.I.) em Joule (J).

$$W = p_a/\nu$$

S.I.

$$w/s^{-1} = (J/s)/s^{-1} = J$$

9. POTÊNCIAS ENVOLVIDAS NO EFEITO HERTZ

Em muitos capítulos tenho afirmado que no efeito Hertz um elétron para escapar do metal precisa absorver uma determina potencia oriunda do fóton, que é dada por:

$$p_a = W \cdot \nu$$

A potência radiante proveniente do fóton absorvido pelo elétron é transformada integralmente em mecânica, supondo-se obviamente que não ocorra qualquer perda na transformação. O que evidentemente está totalmente de acordo com um dos postulados fundamentais de Einstein para o efeito Hertz; "um elétron absorve integralmente a energia de um fóton".

Então designando por (p_t) a potência mecânica total obtida pelo elétron na referida transformação, tem-se que:

$$p_t = p_a$$

Logo, isto implica que:

$$p_t = W \cdot v$$

Na realidade, (p_t) constitui a potencia mecânica total que o elétron deveria apresentar ao sair do metal. Entretanto, apenas uma parte dessa potência é que realmente o elétron utiliza internamente para ultrapassar a barreira da superfície do metal. Esse fato ocorre porque o elétron ao escapar do metal, emprega uma quantidade de energia para vencer os choques com os átomos vizinhos e a atração dos núcleos desses átomos.

Evidentemente, para que o elétron possa escapar do metal deverá realizar um trabalho. Então, designando a potência mecânica empregada no processamento da função de trabalho (Ø interno do metal por (p_u), tem-se que:

$$p_u = \emptyset \cdot v$$

Com isso, a potência mecânica perdida externamente pelo elétron, a qual foi denominada por "potência dissipada externamente" e designei por (p_d), é dada por:

$$p_d = h \cdot v_0^2$$

Logo, conclui-se que a potência útil utilizada internamente pelo elétron é expressa por:

$$p_u = p_t - p_d$$

Pois, a energia potencial total é dividida em duas partes, potencia interna que corresponde àquela que tenho chamado por potência útil e a potência externa que venho chamado por potência dissipada externamente.

Substituindo convenientemente a última expressão pelos valores de (p_t) e de (p_d), por:

$$p_u = W \cdot \nu - h \cdot \nu_0^2$$

10. EQUAÇÃO FOTOELÉTRICA

A expressão da potência útil disponível internamente por um elétron mostra que:

$$p_u = W \cdot \nu - h \cdot \nu_0^2 \quad (I)$$

Entretanto, supondo-se que a energia utilizada internamente pelo elétron no processamento da função trabalho, seja (Ø), a potência a qual o elétron utiliza internamente pode ainda ser assim representada:

$$p_u = \emptyset \cdot \nu \quad (II)$$

Dessa forma, juntando convenientemente as expressões (I) e (II), tem-se que:

$$\emptyset \cdot \nu = W \cdot \nu - h \cdot \nu^2$$

Eliminando os termos em evidência, resulta que:

$$\emptyset = W - h \cdot \nu$$

Esta é a chamada equação foto elétrica. Ela é enunciada nos seguintes termos:

A energia empregada no processamento da função de trabalho é igual a energia total que o elétron absorve do fóton pela diferença da carga radiante em produto com a frequência cinética do elétron, ou seja, em produto com a frequência da onda associada no elétron ao ser ejetada do metal.

Uma análise superficial da equação fotoelétrica revela claramente que a energia empregada no processamento da função de trabalho (∅ interno está tão somente na dependência da frequência (ν) que o elétron apresenta ao ultrapassar a barreira da superfície do metal, na situação considerada, já que tanto a energia do fóton (quantum) absorvida pelo elétron (W), quando a carga radiante elementar (h), são constantes que caracterizam o elétron emitido.

a) W ≡ constante (quantum)
b) h ≡ constante

Então, conclui-se que:

$$\emptyset = f(\nu)$$

A partir de agora vou considerar a função trabalho como uma grandeza eminentemente variável.
Estudarei então a dependência de (∅ em função de (ν).

A) $\nu = 0$

Quando a frequência externa da onda associada ao elétron é nula, o que ocorre sempre que o elétron não consegue escapar da barreira do metal, tem-se:

$$\emptyset = W - h \cdot \nu$$

Como h . ν → 0, conclui-se que:

$$\emptyset = W$$

Nesse caso a energia consumida no processamento da função trabalho se iguala à energia que o elétron absorve do fóton.

B) ν > 0

Conforme cresce a frequência da onda associada ao elétron ejetado, a frequência utilizada no processamento da função de trabalho decresce, já que aumenta a energia externa.

Logo, resulta que:

$$\nu \rightarrow \text{cresce} \rightarrow h \cdot \nu \rightarrow \text{cresce} \rightarrow \emptyset \rightarrow \text{cresce}$$

C) $\nu_{\text{máxima}}$ (ν_{mx})

O decréscimo de ($\emptyset$) em função do acréscimo de ν, ocorre até o instante em que ($\emptyset$) alcança seu mínimo valor possível, ou seja, ($\emptyset = 0$). Quando isso ocorrer, o valor de (ν) será máximo (ν_{mx}).

$$\emptyset = 0 \rightarrow \nu_{mx}$$

Como:

$$\emptyset = W - h \cdot \nu$$

Tem-se que:

$$6 = W - h \cdot \nu_{mx}$$

Portanto, resulta que:

$$\nu_{mx} = W/h$$

Mas (W) corresponde à energia do fóton (h . f), que foi, obviamente, integralmente absorvida pelo elétron, logo vem que:

$$\nu_{mx} = h \cdot f/h$$

Eliminando os termos em evidência, conclui-se que:

$$\nu_{mx} = f$$

Ou seja, quando a função de trabalho for nula, a frequência da onda associada no elétron será absolutamente igual à frequência do fóton absorvida pelo elétron.

Evidentemente, zero é o valor mínimo possível para a função de trabalho (Ø), porque, se esta fosse negativa, a potência absorvida pelo elétron, nesse caso, seria menor que a potência mecânica que o elétron apresentaria ao ser arremessado externamente da barreira da superfície do metal, o que é evidentemente impossível.

11. CURVA CARACTERÍSTICA DA EQUAÇÃO FOTOELÉTRICA

Observando a variação de (∅ em função de (ν), nota-se uma dependência claramente linear, o que vem a sugerir uma reta, cujas características são as seguintes:

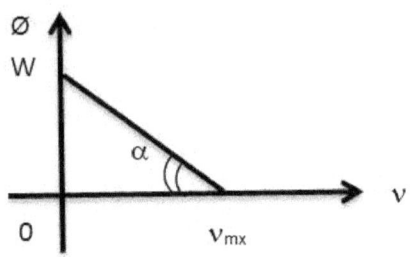

$$tg\alpha =^N W/\nu_{mx}$$
$$tg\alpha =^N h$$

A tangente do ângulo é numericamente igual ao valor da carga radiante.

12. EFEITO HERTZ E A EQUAÇÃO FOTOELÉTRICA

O efeito Hertz da energia constante que fosse ideal apresentaria uma curva constante, isto é, independente dos demais fatores variáveis, como a frequência e outros efeitos. Evidentemente desses fatores o mais importante é a frequência ao qual está associado o elétron. No caso de um efeito Hertz de energia constante, por exemplo, a característica externa do fóton elétron teria o aspecto apresentado na seguinte figura:

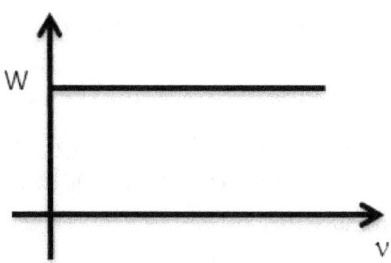

Nota-se no referido gráfico que a energia (W) absorvida pelo elétron é constante.

Evidentemente, na prática sempre parte da energia é consumida no processamento da função de trabalho.

De fato, no efeito Hertz real a energia oriunda de um fóton é igual a soma entre a energia interna com a energia externa.

$$W = \emptyset + E$$

Onde (E) é a energia cinética do fóton-elétron emitido. Essa energia é proporcional à frequência de "De Broglie".

$$E = h \cdot \nu$$

Logo vem que:

$$W = \emptyset + h \cdot \nu$$

Ou:

$$\emptyset = W - h \cdot \nu$$

Ora, esta última equação pode ser chamada de nova equação fotoelétrica. Ela é diferente daquela obtida por Einstein porque trata-se de outro aspecto do efeito fotoelétrico.

Note-se que a energia absorvida (W) é igual à energia da função de trabalho, quando a frequência for nula. De fato, na última equação acima, tem-se ($\emptyset = W$), quando ($\nu = 0$). Por outro lado, ao prolongar a característica retilínea da referida equação, essa curva irá encontrar o eixo das frequências ($\nu = \nu_{mx}$). A frequência (ν_{mx}) é chamada por frequência máxima, porque é a frequência que o elétron apresenta quando ($\emptyset = 0$), ou seja, quando a função de trabalho for nula. Evidentemente, a frequência máxima é determinada com o auxílio da curva característica e não por intermédio de experiência direta. Logicamente, o valor da carga radiante pode ser determinado através de sua curva característica, onde se tem:

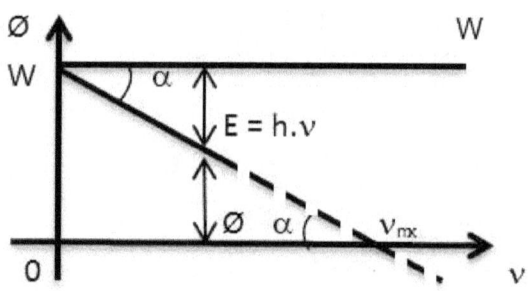

$$H = (W - \emptyset)/\nu$$

Onde ainda, para $\emptyset = 0$

$$h = W/\nu_{mx} = tg\alpha$$

13. RENDIMENTO FOTO ELÉTRICO

A potência fornecida por um fóton ao elétron é (p = w.ν). Mas a função de trabalho do fotoelétron é expressa por:

$$\varnothing = W - h \cdot \nu$$

Então, tem-se:

$$p = (W - h \cdot \nu) \cdot \nu$$

Ou:

$$p = W \cdot \nu - h \cdot \nu^2$$

A primeira parcela do segundo membro da igualdade acima expressa a potência desenvolvida pelo efeito Hertz, enquanto que a outra parcela é a potência empregada externamente pelo fóton-elétron. Tem-se, pois:

Potência desenvolvida pelo efeito Hertz

$$p_t = W \cdot \nu$$

Potência utilizada externamente pelo fóton-elétron

$$p = h \cdot \nu^2$$

Potência útil empregada internamente pelo fóton-elétron

$$p_u = \emptyset \cdot \nu$$

A equação anterior pode então ser escrita sob a forma:

$$p_t = p + p_u$$

Essa equação exprime um dos aspectos do princípio da conservação da energia. Tenho assim uma equação geral, válida, quer o efeito Hertz tenha energia constante ou não. Essa equação permite, inclusive, generalizar o conceito de energia radiante absorvida pelo elétron, que pode ser definida como a relação entre a potência total do fóton-elétron e a frequência que o mesmo apresenta.

$$W = p_t/\nu$$

Se a potência total (p_t) for proporcional à frequência, então, conclui-se que o fóton-elétron absorve uma energia constante.

Por outro lado, defino também o rendimento fotoelétrico no efeito Hertz como sendo a relação (η) entre a potência útil e a potência total (p_t), desenvolvida no efeito Hertz:

$$\eta = p_u/p_t = (p_t - p)/p_t = 1 - (p/p_t)$$

Ou, em porcentagem:

$$\eta\% = 100 \cdot p_u/p_t = 100 \cdot [(1 - (p/p_t)]$$

O rendimento fotoelétrico é definido pelo quociente entre a potência transferida pelo elétron no processamento da função trabalho interno (p_u) e a potência mecânica total obtida por ele na conversão (p_t). Designando por (η) o rendimento fotoelétrico, tem-se:

$$\eta = p_u / p_t$$

Demonstrei que a potência utilizada internamente no efeito Hertz é igual ao valor da energia de função trabalho multiplicado pela frequência do elétron.

O referido enunciado é expresso simbolicamente pela seguinte equação:

$$p_u = \emptyset \cdot \nu$$

Verificou-se que a potência total absorvida pelo elétron é igual a energia radiante oriunda do fóton em produto com a frequência de onda associada ao elétron.

Simbolicamente, o referido enunciado é expresso pela seguinte equação:

$$p_t = W \cdot \nu$$

Substituindo convenientemente as três últimas expressões, obtém-se que:

$$\eta = \emptyset \cdot \nu / W \cdot \nu$$

Eliminando os termos em evidência, resulta que:

$$\eta = \emptyset W$$

Ou em porcentagem:

$$\eta\% = 100 \, (\emptyset W) \, \%$$

Logo, isso me permite concluir que o rendimento fotoelétrico é igual ao quociente da energia da função de trabalho, inversa pela energia absorvida do fóton.

Como a energia (W) é uma constante característica do fóton absorvido pelo elétron, observa-se que a variação do rendimento fotoelétrico (η) ocorre tão somente em função de ($\emptyset$).

Sabendo-se então que:

$$0 \leq \emptyset \leq W$$

Tem-se que:

a) $\emptyset = 0 \rightarrow \eta = 0$
b) $0 < \emptyset < W \rightarrow 0 < \eta < 1$
c) $\emptyset = W \rightarrow \eta = 1$

Portanto, resumindo, tem-se que:

$$0 \leq \eta \leq 1$$

14. VARIAÇÃO DA POTÊNCIA ÚTIL EMPREGADA

No processamento da função trabalho, conforme demonstrei, (p_u) é expressa por:

$$p_u = W \cdot \nu - h \cdot \nu^2$$

Isso vem a mostrar que a potência útil empregada internamente por um fotoelétron, sob a ação de uma mesma radiação dependerá tão somente da frequência (ν) da onda a qual o elétron está associado, na situação que venho propondo, já que tanto (W) quanto (h) são constantes características da radiação incidente. Passarei a estudar então a dependência de (p_u) em função de (ν).

$$p_u \; f(\nu)$$

A) ν = 0

O elétron não consegue escapar da barreira da superfície do metal.
Nesse caso, o elétron não absorve nenhum fóton, logo se pode concluir que:

$$p_u = 0$$

B) ν > 0

Conforme (ν) cresce, (p_u) inicialmente vai crescendo, até atingir seu valor máximo, começando então, a partir daí, a decrescer. Ao ponto máximo, corresponde ao que venho chamado por "potência máxima empregada no processamento da função trabalho".

C) ν_{mx}

Quando a frequência de onda associada ao elétron corresponde à frequência de onda do fóton absorvido pelo elétron.

$$p_u = 0$$

Esse resultado pode ser facilmente demonstrado fazendo que:

Em p_u, $\nu = W/h = \nu_{mx}$

$$p_u = W \cdot \nu - h \cdot \nu^2$$

Para $\nu = \nu_{mx}$, tem-se que:

$$p_u = W \cdot W/h - h \cdot W^2/h^2$$

Portanto:

$$p_u = W^2/h - W^2/h$$

Logo:

$$p_u = 0$$

Desse modo:

$$\emptyset = 0$$

Assim, a potência utilizada internamente será:

$$p_u = \emptyset \cdot \nu = 0$$

Como $p_t = p_u + p_d$, tem-se que:

$$p_t = p_d$$

Isto é, a potência mecânica total oriunda do fóton será integralmente dissipada externamente pelo elétron, ou seja, a potência será utilizada externamente pelo elétron.

15. REPRESENTAÇÃO GRÁFICA DA POTÊNCIA UTILIZADA INTERNAMENTE

Examinando a variação de (p_u) em função de (ν), nota-se uma dependência claramente quadrática, o que vem a sugerir uma parábola, cujas características são as seguintes:

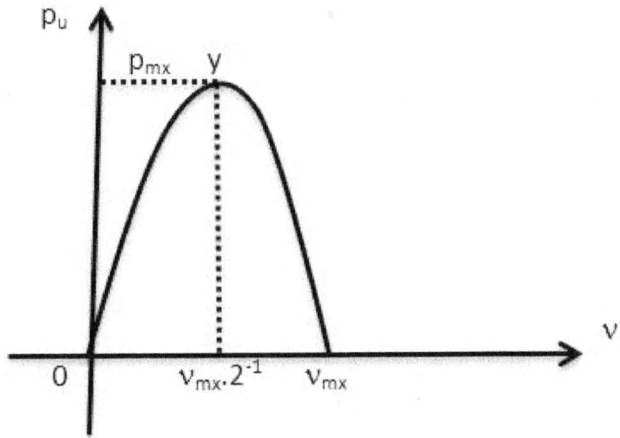

Evidentemente, se a frequência da onda associada ao elétron permanece constante, a potência consumida internamente também permanecerá absolutamente constante.

No referido gráfico, observa-se que, como a parábola é uma curva simétrica com relação ao eixo central, ao ponto de potência máxima corresponde a uma frequência associada externamente ao elétron tal que:

$$\nu = \tfrac{1}{2} \cdot \nu_{mx}$$

Portanto, vem que:

$$\nu = W/2h$$

Na condição de potência máxima consumida internamente no processamento da função trabalho, a frequência da onda associada ao elétron é igual à metade da frequência do fóton absorvido pelo elétron.
Pois:

$$\nu = h \cdot f/2h$$

Eliminando os termos em evidência, resulta que:

$$\nu = f/2$$

Comparando a referida expressão com aquela obtida ao gráfico, resulta que:

$$\nu = \nu_{mx}/2$$
$$\nu = f/2 = \nu_{mx}/2$$
$$f/2 = \nu_{mx}/2$$
$$f = \nu_{mx}$$

Isso vem a mostrar que a frequência máxima de um elétron é igual à frequência do fóton absorvido no processamento do efeito Hertz.

Leandro Bertoldo
Efeito Fotoeletrico

Através de outros termos, posso afirmar categoricamente que as relações encontradas para o caso particular estudado, quando se verifica máxima utilização de potência pelo fotoelétron, são sempre válidas e podem ser comprovadas pelo estudo da expressão:

$$p_u = W \cdot \nu - h \cdot \nu^2$$
$$p_u = \nu \cdot (W - h \cdot \nu)$$

Pelo estudo do trinômio do segundo grau sabe-se que o gráfico da potência útil (p_u) em função da frequência do elétron (ν) é, no caso em apreço, em arco de parábola cujo eixo de simetria é vertical, tendo a concavidade voltada para baixo; pois o termo do segundo grau é negativo ($h.\nu^2$). As raízes da equação mencionada; isto é, os valores de frequência (ν) para os quais a potencia útil é igual a zero ($p = 0$) são ($\nu = 0$) e ($\nu = W \cdot h^{-1} = \nu_{mx}$). Sendo a curva simétrica em relação a um eixo vertical tem-se que, para o ponto correspondente à potência máxima (p_{mx}), ($\nu = \nu_{mx}/2 = W/2h$).

$$\emptyset = W - h \cdot \nu = W - (W/2h) \cdot h = W/2$$

Ou seja:

$$\emptyset = W/2$$

16. CARACTERÍSTICA DA POTÊNCIA MÁXIMA

A) O valor da potência máxima empregada internamente pelo fotoelétron é expresso por:

$$p_u = W \cdot \nu - h \cdot \nu^2$$

Com:

$$p_u = p_{mx}$$

$$\nu = \nu_{mx}/2 = W/2h$$

Portanto, tem-se que:

$$p_{mx} = W \cdot (W/2h) - h \cdot W^2/4h^2$$

Eliminando os termos em evidência, resulta que:

$$p_{mx} = W^2/2h - W^2/4h$$

Portanto vem que:

$$p_{mx} = W^2/4h$$

Logo, posso afirmar que a potência máxima oriunda internamente do fotoelétron é igual ao quociente do quadrado da energia radiante absorvida pelo elétron, inversa pelo valor quatro multiplicado pela carga radiante.

Devo chamar a atenção para mostrar que o valor da potência máxima, de acordo com a análise que venho propondo, é uma característica da radiação eletromagnética absorvida pelo elétron.

B) Função Trabalho.

Demonstrei as seguintes equações:

a) $\emptyset = W - h \cdot \nu$
b) $p_u = p_{mx}$
c) $\nu = W/2h$

Portanto, posso escrever que:

$$\emptyset = W - (h \cdot W/2h)$$

Eliminando os termos em evidência, resulta que:

$$\emptyset = W - (W/2)$$

Assim, vem que:

$$\emptyset = W/2$$

Desse modo, conclui-se que a potência empregada internamente é máxima, quando a função trabalho é exatamente igual à metade do valor da energia radiante absorvida do fóton pelo elétron.

C) Rendimento Fotoelétrico

Em parágrafos anteriores, demonstrei que:

$$\eta = \emptyset W$$

$$p_u = p_{mx}$$

$$\emptyset = W/2$$

Dessa forma, tem-se que:

$$\eta = (W/2)/(W/1)$$

Eliminando os termos em evidência, resulta que:

$$\eta = \tfrac{1}{2}$$

Ou, em termos de porcentagem:

$$\eta = 50\%$$

17. DEDUÇÃO DA EQUAÇÃO FOTOELÉTRICA DE EINSTEIN

Demonstrei que:

$$\emptyset = W - h \cdot \nu$$

De acordo com "De Broglie", a energia cinética de um elétron que escapa da barreira de superfície do metal é expressa pela seguinte equação:

$$E_c = h \cdot \nu$$

Ou seja, a energia do fotoelétron ejetado é igual à carga radiante multiplicada pela frequência que o referido fotoelétron apresenta ao ser ejetado.

Substituindo convenientemente as duas últimas expressões, resulta que:

$$\emptyset = W = E_c$$

Logo, conclui-se que:

$$E_c = W - \emptyset$$

De acordo com Max Planck:

$$W = h \cdot f$$

Logo, substituindo convenientemente as duas últimas expressões, resulta que:

$$E_c = h \cdot f - \emptyset$$

A referida expressão é denominada por equação fotoelétrica de Einstein.

18. VARIAÇÃO DA FREQUÊNCIA DO FOTOELÉTRON EMITIDA

Einstein demonstrou que:

$$E_c = W - \emptyset$$

De Broglie demonstrou que:

$$E_c = h \cdot \nu$$

Max Planck demonstrou que:

$$W = h \cdot f$$

De acordo com Millikan, existe uma frequência mínima (f_0), na qual o elétron escapará, se a energia que ele receber do fóton (h.f$_0$) for igual à energia (Ø. Então, conclui-se que:

$$Ø = h \cdot f_0$$

Substituindo convenientemente as quatro últimas expressões, resulta que:

$$h \cdot \nu = h \cdot f = h \cdot f_0$$

Eliminando os termos em evidência, resulta que:

$$\nu = f - f_0$$

Esta nova expressão é denominada por equação para a frequência do fotoelétron ejetado. Ela é enunciada nos seguintes termos:

"A frequência de onda associada ao fotoelétron ejetado da superfície de um metal é igual à frequência eletromagnética oriunda do fóton absorvido pelo elétron pela diferença da frequência mínima, na qual o elétron escapará da barreira da superfície do metal".

Portanto a teoria que venho propondo implica que, antes do processamento da função trabalho, a frequência do elétron se iguala à frequência do fóton absorvido pelo referido elétron. No processamento da função trabalho, o fotoelétron deixa de apresentar uma frequência mínima (f_0). Após escapar da barreira da superfície do metal, apresenta uma frequência (ν) que varia de ($f - f_0$).

Portanto, o referido enunciado nada mais representa do que a variação de uma grandeza.

19. CONCORDÂNCIA ENTRE A EQUAÇÃO DE "DE BROGLIE" E DE MILLIKAN

De acordo com o imortal físico Albert Einstein, o elétron absorve integralmente o fóton incidente, passando a apresentar a energia desse fóton, o que é expresso por:

$$W = h \cdot f$$

Porém, para o referido elétron escapar da barreira da superfície do metal, é necessário que utilize uma parte dessa energia absorvida no processamento da função de trabalho. De acordo com Roberto Andrews Millikan a função de trabalho de um elétron é expressa por:

$$\emptyset = h \cdot f_0$$

Então, ao sair do metal, o elétron apresentará uma energia, expressa por:

$$E_c = W - \emptyset$$

Substituindo convenientemente as três últimas expressões, resulta que:

$$E_c = h \cdot f - h \cdot f_0$$

Logo vem que:

$$E_c = h \cdot (f - f_0)$$

Esta é a maneira pela qual a equação fotoelétrica de Millikan pode ser expressa.

Porém, demonstrei que:

$$\nu = f - f_0$$

Logo, substituindo convenientemente as duas últimas expressões, resulta que:

$$E_c = h \cdot \nu$$

O que resulta na equação estabelecida pela teoria de "De Broglie".

20. ENERGIA CINÉTICA DE MÁXIMA

Nas equações deduzidas anteriormente, considerei os caracteres generalizados de efeito Hertz. No entanto ocorre o que se chama de energia cinética de máxima (E_{Cmx}), porque outros elétrons menos favorecidos são emitidos com menor energia cinética.

Então, conclui-se que a energia cinética máxima é expressa por:

$$E_{Cmx} = m \cdot v_{mx}/2$$

Demonstrei que:

$$h \cdot \nu = h \cdot (f - f_0)$$

Mas Albert Einstein demonstrou que:

$$E_{Cmx} = \tfrac{1}{2} m \cdot V_{mx}^2 = h \cdot (f - f_0)$$

Então, igualando convenientemente as duas últimas expressões, resulta que:

$$½ m \cdot V_{mx}^2 = h \cdot \nu$$

Denominarei por equação nova fotoelétrica.

21. VELOCIDADE MÁXIMA DO FOTOELÉTRON EJETADO

No parágrafo anterior, demonstrei que:

$$½ m \cdot V_{mx}^2 = h \cdot \nu$$

Então, isolando convenientemente os termos em jogo na última equação, resulta que:

$$V_{mx}^2 = 2h \cdot \nu/m$$

Porém, o dobro da carga radiante, inversa pela massa do elétron é uma constante de caráter genérico.
Simbolicamente, o referido enunciado é expresso por:

$$k = 2h/m$$

Então, substituindo convenientemente as duas últimas equações, resulta que:

$$V_{mx}^2 = k \cdot \nu$$

Portanto, conclui-se que o quadrado da velocidade do mais rápido fotoelétron ejetado é diretamente proporcional à frequência de onda ao qual o referido fotoelétron está associado.

21. RENDIMENTO INTERNO E RENDIMENTO EXTERNO

Defino por rendimento interno, o rendimento fotoelétrico oriundo do processamento da função de trabalho.

Desse modo, nesta teoria demonstrei que o rendimento interno do fotoelétron é igual ao quociente da energia da função de trabalho, inversa pela energia integralmente absorvida do fóton.

O referido enunciado é expresso simbolicamente pela seguinte relação:

$$\eta_i = \emptyset W$$

Millikan demonstrou que a energia do processamento da função de trabalho é igual ao valor da carga radiante multiplicada pela frequência mínima.

Simbolicamente, o referido enunciado é expresso por:

$$\emptyset = h \cdot f_0$$

Max Planck demonstrou que a energia de um fóton é igual ao valor da carga radiante multiplicada pela frequência eletromagnética do referido fóton.

O referido enunciado é expresso por:

$$W = h \cdot f$$

Então, substituindo convenientemente as três últimas expressões, resulta que:

$$\eta_i = \emptyset W = h \cdot f_0/h \cdot f$$

Eliminado os termos em evidência, resulta que:

$$\eta_i = \emptyset W = f_0/f$$

Entendo por rendimento externo, o rendimento fotoelétrico oriundo do elétron arremessado da barreira de superfície do metal.

Assim, em capítulos anteriores demonstrei que o rendimento externo do fotoelétron é igual ao quociente da energia cinética inversa pela energia radiante integralmente absorvida do fóton.

Simbolicamente, o referido enunciado é expresso por:

$$\eta_e = E_c/W$$

O físico francês De Broglie demonstrou que a energia cinética de um elétron é igual ao valor da carga radiante multiplicada pela frequência de onda do elétron.

O referido enunciado é expresso por:

$$E_c = h \cdot \nu$$

Max Planck demonstrou que a energia de um fóton é igual ao valor da carga radiante multiplicada pela frequência eletromagnética do fóton.

Simbolicamente, o referido enunciado é expresso por:

$$W = h \cdot f$$

Logo, substituindo convenientemente as três últimas expressões, resulta que:

$$\eta_e = E_c/W = h \cdot \nu/h \cdot f$$

Eliminando os termos em evidência, resulta que:

$$\eta_e = E_c/W = \nu/f$$

Somando o rendimento interno e o externo, obtém-se que:

$$\eta_i + \eta_e = 1$$

Desse modo, posso obter as seguintes expressões:

$$\eta_i = \emptyset/W$$

$$\eta_e = E_c/W$$

Substituindo convenientemente as três últimas expressões, obtém-se que:

$$\eta_i + \eta_e = \emptyset/W + E_c/W = (\emptyset + E_c)/W = W/W = 1$$

Outra expressão implicaria que:

$$\eta_i = f_0/f$$

$$\eta_e = \nu/f$$

Então, vem que:

$$\eta_i + \eta_e = (f_0/f) + (v/f) = (f_0 + v)/f = f/f = 1$$

Assim, por exemplo, no processamento da função trabalho, o fotoelétron tem um rendimento interno $\eta_i = 0,8$ significa que 80% da energia foi utilizada internamente. Os restantes 20% devem ser atribuído ao rendimento externo.

Quando não há processamento da função de trabalho, o rendimento interno é nulo ($\eta_i = 0$), nesse caso, tem-se que:

$$\eta_e = 1$$

Quando o elétron não apresenta energia cinética, isto é, quando o elétron ao absorver o fóton não é arremessado, o rendimento externo é nulo ($\eta_e = 0$). Nesse caso, tem-se que:

$$\eta_i = 1$$

Porém, nem sempre a energia absorvida do fóton pelo elétron não é suficiente para realizar integralmente o processamento da função de trabalho. Nesse caso, ela pode ser menor, assim vem que:

$$\eta_i = \leq 1$$

22. POTÊNCIA ORIUNDA DO PROCESSAMENTO DA FUNÇÃO DE TRABALHO

Roberto Andrews Millikan demonstrou que a função de trabalho no efeito Hertz é igual ao valor da carga radiante multiplicada pela frequência mínima.

O referido enunciado é expresso simbolicamente pela seguinte equação:

$$\emptyset = h \cdot f_0$$

A potência oriunda do processamento da função de trabalho é igual a energia da função de trabalho multiplicada pela frequência mínima.

Simbolicamente, o referido enunciado é expresso pela seguinte equação:

$$P_\emptyset = \emptyset \cdot f_0$$

Substituindo convenientemente as duas últimas expressões, resulta que:

$$P_\emptyset (h \cdot f_0) \cdot f_0$$

Assim, vem que:

$$P_\emptyset = h \cdot f_0^2$$

Logo posso concluir que a potência oriunda do processamento da função de trabalho é igual a carga radiante multiplicada pelo quadrado da frequência mínima.

Mantendo-se a energia do processamento da função de trabalho constante, a frequência mínima é igual ao quociente da energia da função de trabalho inversa pelo valor da carga radiante.

O referido enunciado é expresso simbolicamente pela seguinte relação:

$$f_0 = \emptyset / h$$

Note que a frequência mínima é tanto maior quanto maior for a energia do processamento da função de trabalho e tanto menor quanto menor for a energia do processamento da função de trabalho.

Nestas condições, a potência oriunda do processamento da função de trabalho será expressa simbolicamente por:

$$P_\emptyset = h \cdot f_0^2$$

$$P_\emptyset = h \cdot (\emptyset/h)^2$$

$$P_\emptyset = h \cdot \emptyset^2/h^2$$

Eliminando os termos em evidência, resulta que:

$$P_\emptyset = \emptyset^2/h$$

A referida expressão é enunciada nos seguintes termos:

"A potência oriunda do processamento da função de trabalho é igual ao quociente do quadrado da energia empregada no processamento da função de trabalho inversa pelo valor da carga radiante".

Leandro Bertoldo
Efeito Fotoeletrico

Apêndice

O FLUXO DE GOTAS DO CHUVEIRO

Seja (n) o número de gotas de chuva que atravessam a área (A) desde o instante (t) até o instante (t + $\triangle$t). Como cada gota apresenta massa (m), no intervalo de tempo $\triangle$t, passa pela área (s) perpendicular a quantidade de gotas de valor absoluto.

$$\triangle q = n \cdot m$$

Para conhecer a propagação das gotas de água do chuveiro define-se a grandeza do fluxo de gotas.

Seja (A) uma área perpendicular localizada na região onde ocorre a propagação das gotas da chuva. O fluxo de gotas (Ø) através da área (A) é expresso pela relação entre a quantidade de gotas que atravessa a área, pelo intervalo de tempo:

$$Ø = \triangle q / \triangle t$$

Define-se gotas contínuas todo chuveiro de sentido e fluxo constante com o tempo. Neste caso o fluxo médio do chuveiro ($Ø_m$) em qualquer intervalo de tempo $\triangle$(t) é a mesma e, portanto igual ao fluxo (Ø) em qualquer instante.

$$Ø_m = Ø$$

Para simplificar a presente análise, considere um chuveiro que emite somente uma fonte de gotas de chuva que atravessa um aro perpendicular ao sentido de queda de gotas.

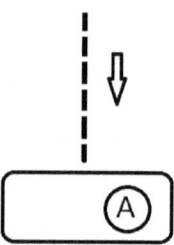

Nessas condições define-se a distância de seguimento entre uma gota e outra pela relação entre o espaço percorrido (s) pelas gotas, pelo número de gotas (n) que atravessa a área (A).

$$D = s/n$$

A relação da grandeza fluxo e distância de seguimento resultam na seguinte expressão:

$$\emptyset . D = (\triangle q/\triangle t) . (s/n) = (n . m/\triangle t) . (s/n) = (m . s)/\triangle t$$

Sabe-se que a velocidade média é igual à relação entre o espaço percorrido pela variação de tempo.

$$V = s/\triangle t$$

Portanto, resulta que:

$$\emptyset . D = m . V$$

Ocorre que o produto entre a massa pela velocidade é a própria quantidade de movimento da gota.

$$Q = m \cdot V$$

Logo, pode-se escrever que:

$$Q = \varnothing \cdot D$$

Considere agora o caso da área (A) se movimenta em direção da fonte produtora das gotas de chuva.

Quando o movimento da área se faz de modo a diminuir a distância entre a fonte e a área, esta recebe um maior fluxo de gotas de chuva do que receberia caso estivesse em repouso. Então um corpo ficaria mais encharcado de água.

Quando o movimento se faz de modo a aumentar a distância entre a fonte de chuva e a área atravessada pelas gotas, esta recebe um menor fluxo de gotas de chuva do que receberia caso estivesse em repouso. Então um corpo ficaria menos encharcado durante o mesmo intervalo de tempo.

Quando duas gotas atravessam a área existe um intervalo entre elas chamado distância de seguimento (D).

Quando a terceira gota atravessa a área, a primeira gota se encontra a uma distância de (2D), enquanto que a segunda gota se encontra a uma distância (D). Repetindo o raciocínio, concluiremos que, em um instante qualquer, a distância entre duas gotas contíguas é igual a (D).

Caso a área (A) se desloque a uma velocidade (V_0) aproximando-se da fonte do chuveiro, tem-se que:

$$S = V_0 \cdot \Delta t$$

Como (D) é a distância entre duas gotas consecutivas, tem-se em cada instante no intervalo (s) que:

$$n = (V_0 \cdot \triangle t)/D$$

Caso a área (A) tivesse permanecido em repouso, no intervalo de tempo ($\triangle t$), então ela teria sido atravessada por ($\emptyset \cdot \triangle t$) gotas de massa (m).

Porém ao fim do intervalo de tempo ($\triangle t$), a área desloca-se a uma distância (s) de sua posição inicial ao sentido da fonte.

Como no intervalo (s) existem ($V_0 \cdot \triangle t$)/D gotas de chuva, pode-se concluir que atravessaram a área (A) não somente ($\emptyset \cdot \triangle t$) quantidades de gotas de chuva, mas sim a soma dos dois:

$$\emptyset \cdot \triangle t + (V_0 \cdot \triangle t)/D$$

Dividindo ambos os termos por ($\triangle t$) obtém-se o número ($\emptyset$) real de gotas que atravessam a área (A) na unidade de tempo.

$$(\emptyset \cdot \triangle t)/\triangle t + (V_0 \cdot \triangle t)/(D \cdot \triangle t)$$

$$\emptyset_t = \emptyset + (V_0/D)$$

Portanto, a quantidade de gotas que atravessam a área (A) tem fluxo ($\emptyset_t$) e na ($\emptyset$). Substituindo (D) por seu valor (D = Q/$\emptyset$), onde (Q) é a quantidade de movimento da gota, tem-se que:

$$\emptyset_t = \emptyset + V_0/(Q/\emptyset)$$

$$Ø_f = Ø + (V_0 \cdot Ø)/Q$$

Como $Q = m \cdot V$, vem que:

$$Ø_f = Ø + (V_0 \cdot Ø)/m \cdot V$$

$$Ø_f = (Ø \cdot m.V + V_0 \cdot Ø)/m \cdot V$$

$$Ø_f = (Ø \cdot Q + Ø \cdot V_0)/Q$$

$$Ø_f = Ø \cdot (Q + V_0)/Q$$

Caso a área (A) esteja se afastando do chuveiro, seguiremos o mesmo raciocínio anterior, pode-se concluir que:

$$Ø_f = Ø \cdot (Q + V_0)/Q$$

www.ingramcontent.com/pod-product-compliance
Lightning Source LLC
Chambersburg PA
CBHW072207170526
45158CB00004BB/1794